Inhaltsverzeichnis

Datum: ______________

1 Wie geht es weiter? Kreise ein.

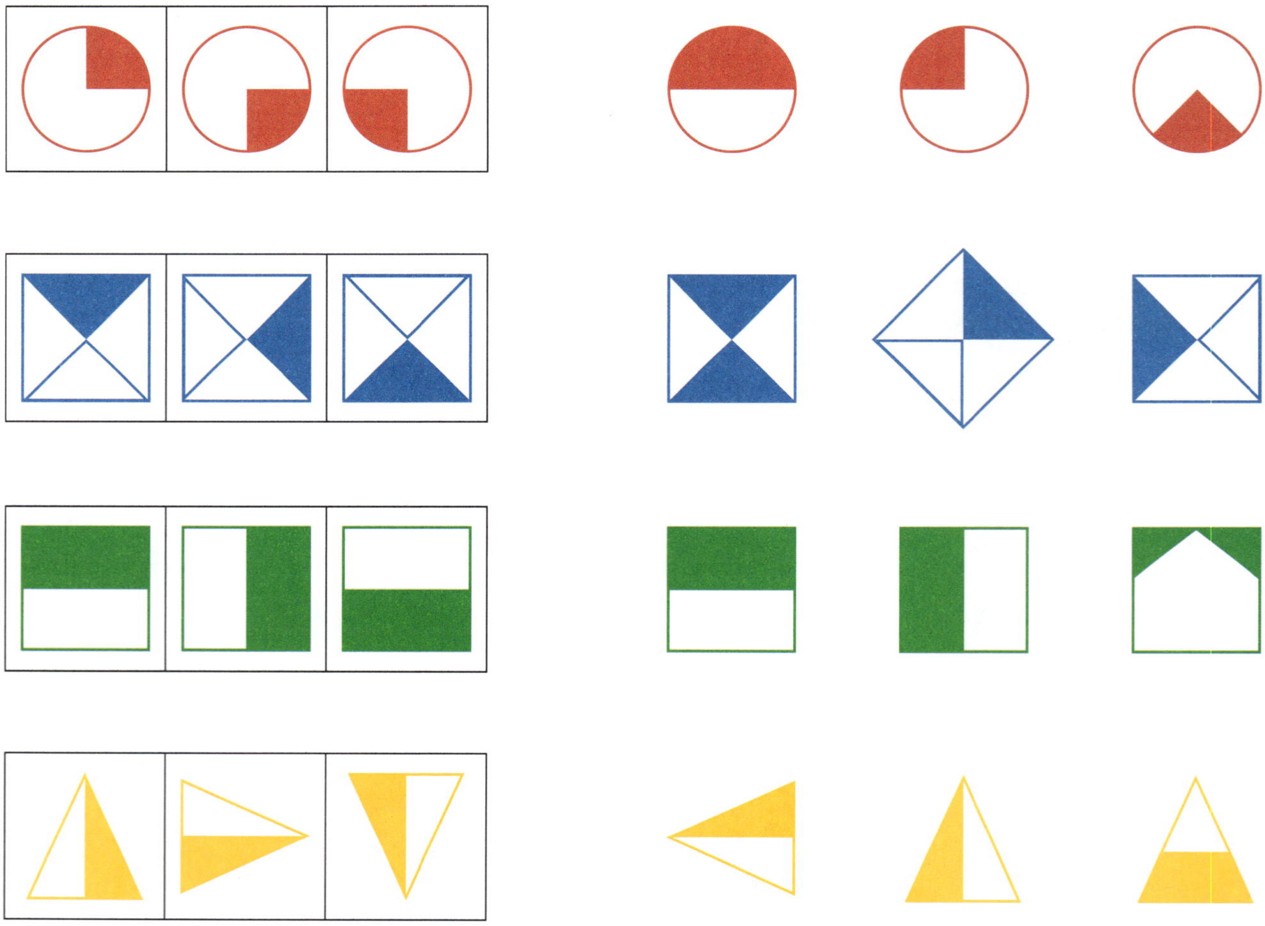

2

2 Muster vervollständigen.

Wahrnehmung – Muster fortsetzen

Datum: ______________

1

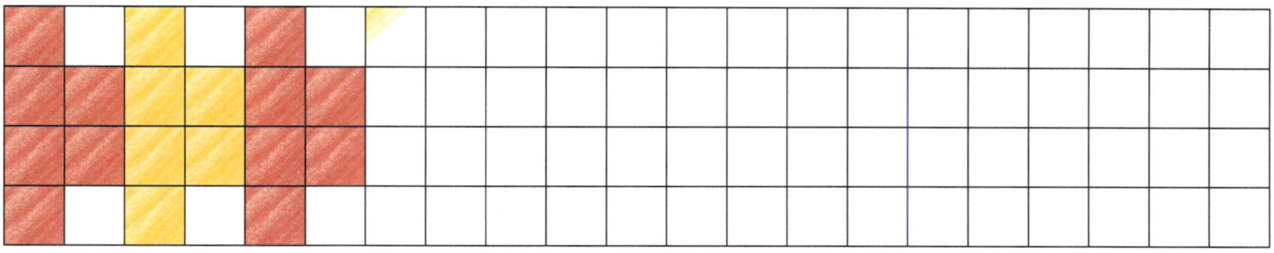

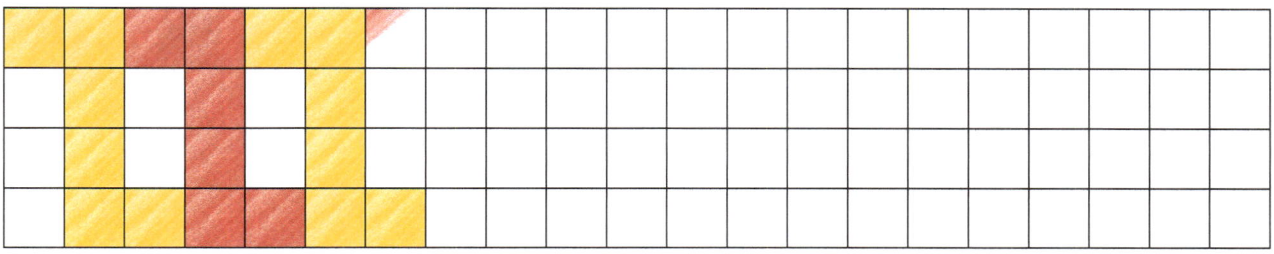

2

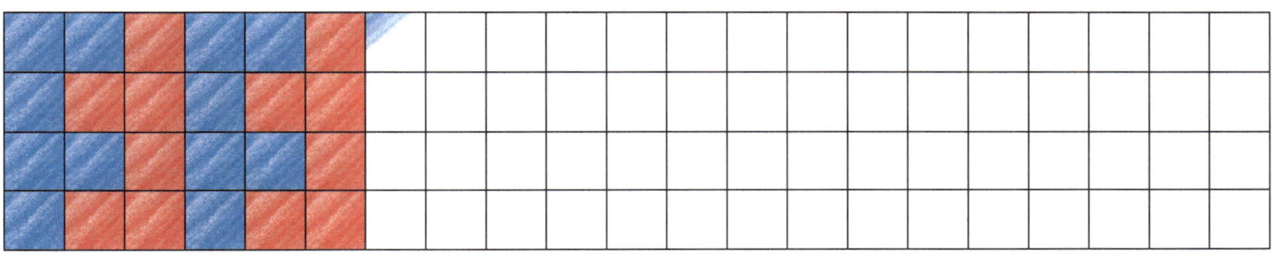

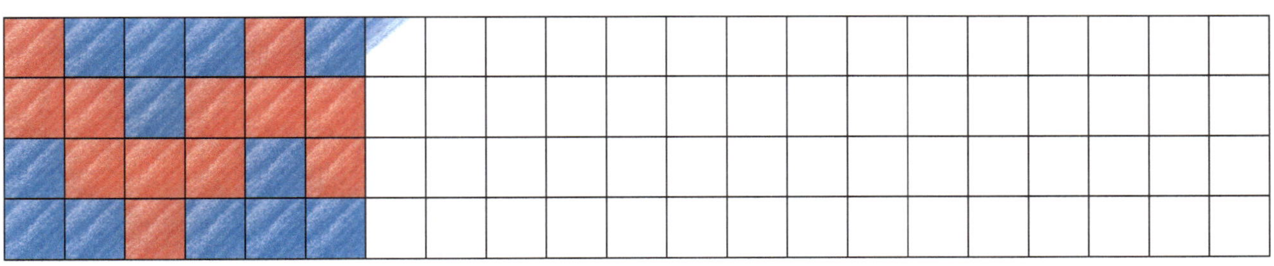

3

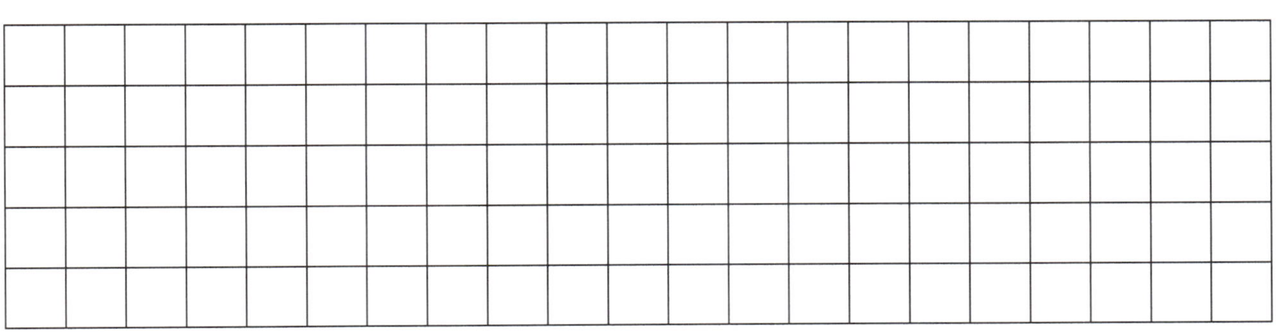

1, 2 Muster fortsetzen.
3 Ein eigenes Muster zeichnen.

Datum: ____________

1 Wo findest du diese Sachen? Ergänze.

unter unter auf auf über vor neben hinter zwischen

Das Kissen liegt ______________ dem Bett.

Die Uhr hängt ______________ dem Mülleimer.

Die Schuhe stehen ______________ dem Tisch.

Der Ball liegt ______________ der Tasche.

Der Mülleimer steht ______________ dem Schrank.

Die Stifte stehen ______________ der Lampe.

Der Teddy liegt ______________ dem Bett.

Der Pokal steht ______________ den Büchern.

Die Lampe steht ______________ dem Tisch.

Datum: ______________

Flo **Flex**

1 Zeichnet die Wege von Flex und Flo ein. Wo kommen sie an?

Flo geht
1 Feld nach rechts
5 Felder nach oben
2 Felder nach links
1 Feld nach unten

Flex geht
4 Felder nach oben
4 Felder nach links
3 Felder nach unten
1 Feld nach rechts

2 Flex und Flo möchten zum Kiosk.

Flo geht
3 Felder nach oben
1 Feld nach rechts
1 Feld nach ______________
____

Flex geht
2 Felder nach oben
2 Felder nach ______________
____
____

Datum: ______________

1 Flex und Flo haben Fotos gemacht. Welche Ansichten sind es?

von **oben**	
von **vorn**	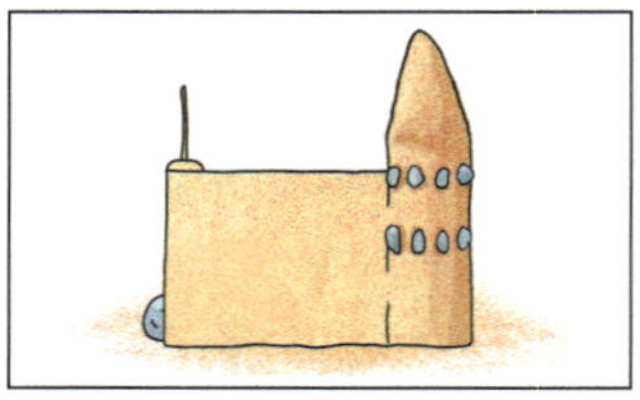
von **links**	
von **rechts**	
von **hinten**	

Datum: ____________

1 Von **vorn**.

2 Von **rechts**.

3 Von **links**.

4 Von **hinten**.

5 Zeichne die Ansichten.

von **vorn**

von **rechts**

von **hinten**

von **links**

von **oben**

Datum: ____________

1 Was stimmt? Malt rot an.

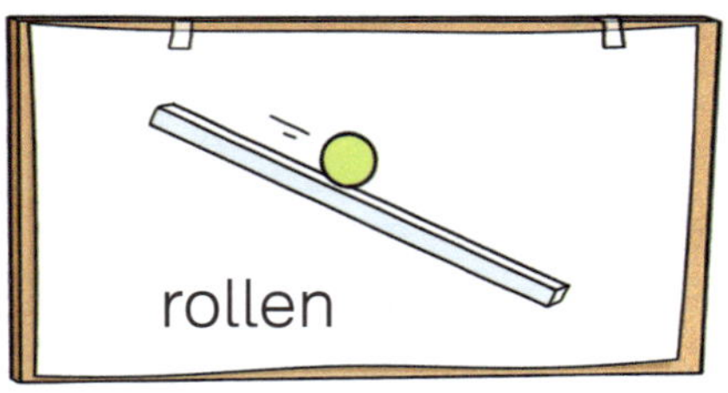

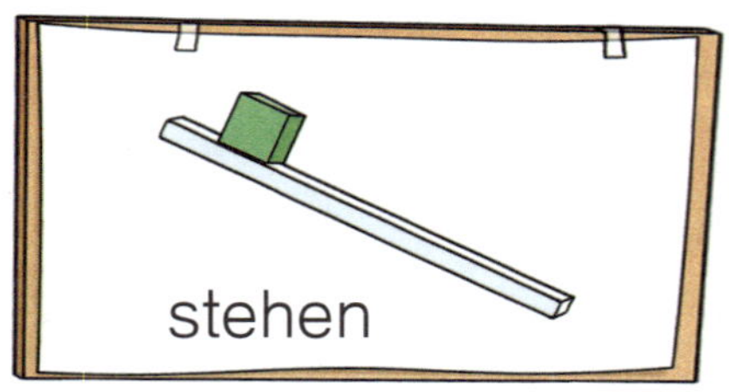

- Eine Kugel kann rollen.
- Eine Pyramide kann stehen.
- Ein Würfel kann stehen.
- Ein Quader kann rollen.
- Eine Kugel kann stehen.
- Eine Pyramide kann rollen.
- Ein Kegel kann rollen und stehen.
- Ein Zylinder kann rollen und stehen.

2 Was stimmt? Malt rot an.

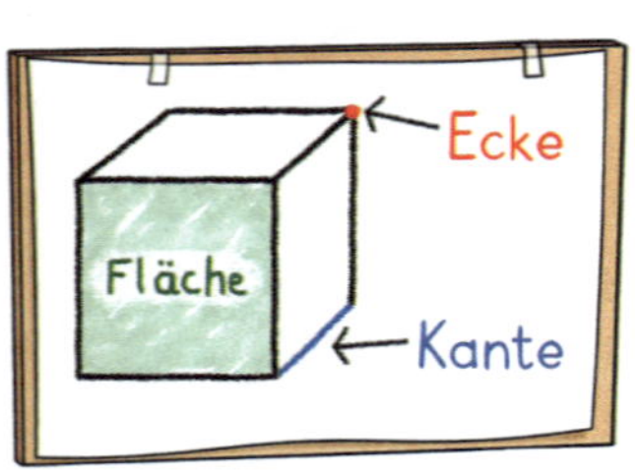

- Ein Quader hat mehr Ecken als ein Würfel.
- Ein Würfel hat 6 gleiche Flächen.
- Eine Kugel hat keine Ecken.
- Ein Würfel hat 8 Flächen.
- Ein Quader hat 6 Flächen.
- Eine Kugel hat keine Kante.

Datum: ____________

1

Der Körper hat
8 Ecken,
12 Kanten
und 6 Flächen.

Der Körper hat
0 Ecken,
0 Kanten
und 1 Fläche.

Der Körper hat
0 Ecken,
2 Kanten
und 3 Flächen.

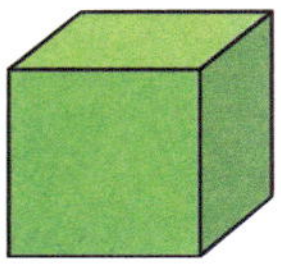
Würfel

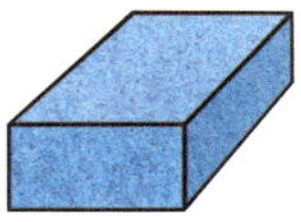
Quader

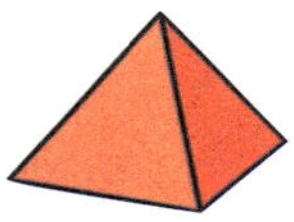
Pyramide

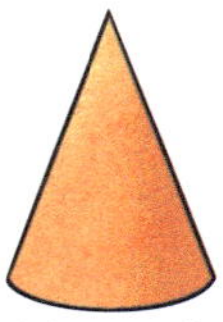
Kegel

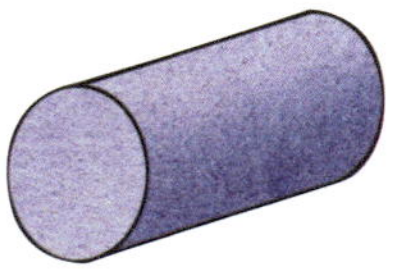
Zylinder

Kugel

Der Körper hat
5 Ecken,
8 Kanten
und 5 Flächen.

Der Körper hat
8 Ecken,
12 Kanten
und 6 Flächen.

Der Körper hat
1 Spitze,
1 Kante
und 2 Flächen.

Würfelnetze

Datum: ______________

1 Klebt eigene Netze aus 6 Quadraten.
Könnt ihr daraus Würfel falten? Überprüft.

2 Aus welchen Netzen könnt ihr Würfel falten? Kreuzt an.

☐

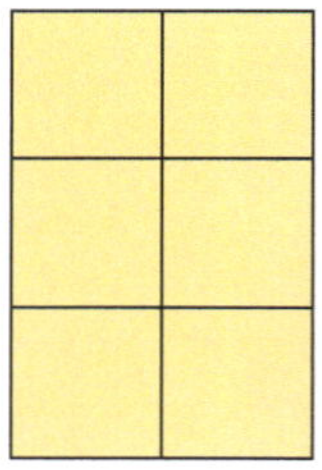
☐

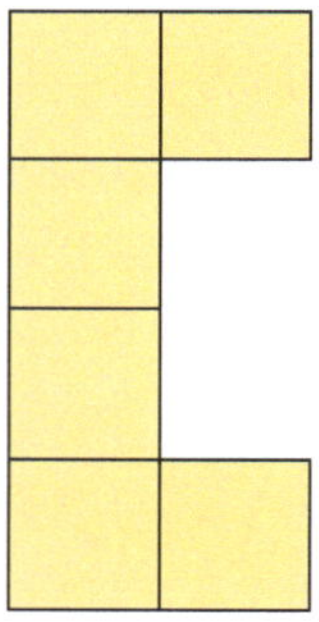
☐

☐

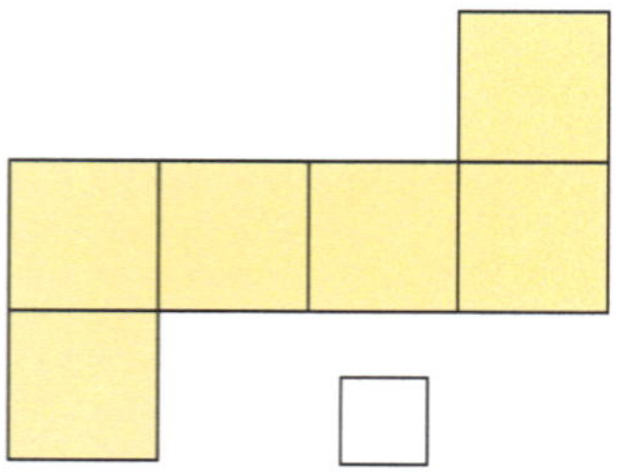
☐

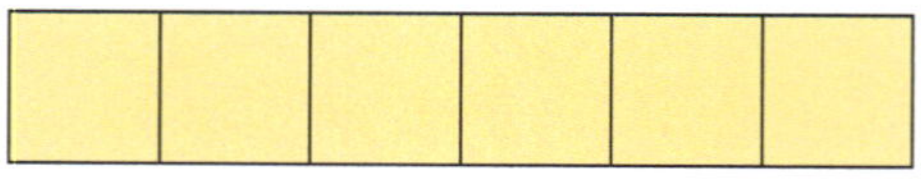
☐

2 Gegebenenfalls mit Material überprüfen.

Datum: ______________

1 Hier fehlen immer 2 Quadrate. Ergänze zu einem Würfelnetz.

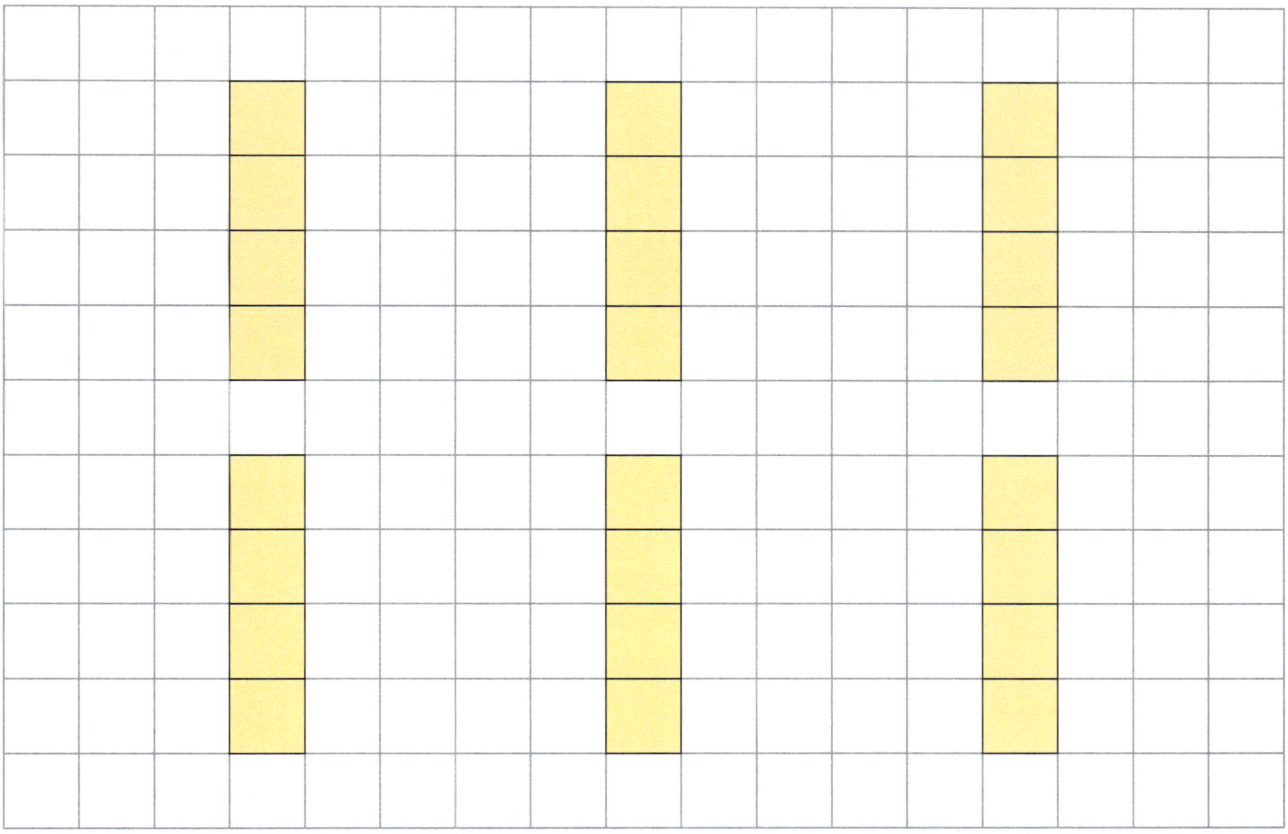

2 Hier fehlt immer ein Quadrat. Ergänze zu einem Würfelnetz.

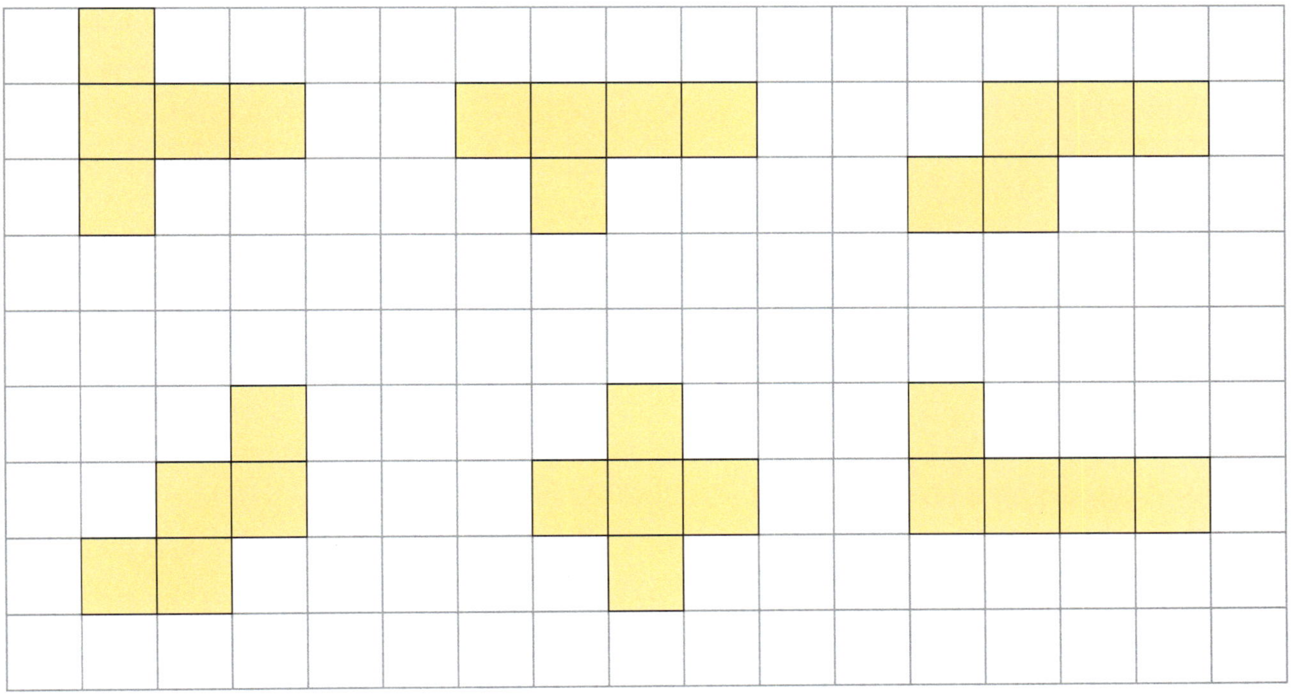

1, 2 Gegebenenfalls mit Material überprüfen.
2 Es gibt verschiedene Möglichkeiten.

Datum: ____________

1 Baut verschieden große Würfel.
Wie viele kleine Würfel braucht ihr?

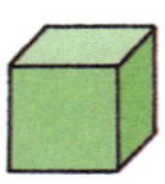

1 Würfel

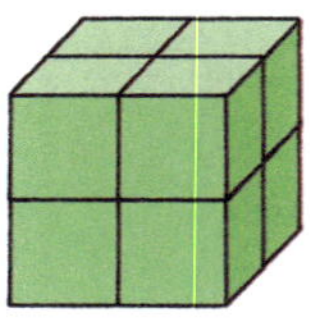

___ Würfel

___ Würfel

2 Baut die Quader nach. Schreibt die Baupläne auf.

2	2	
2		

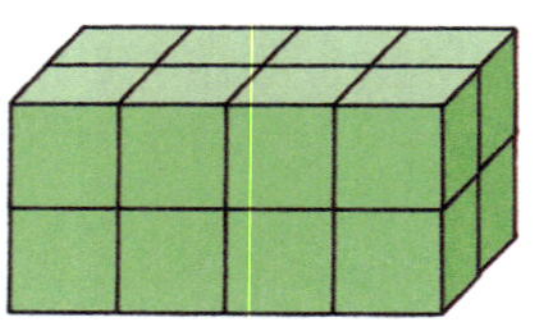

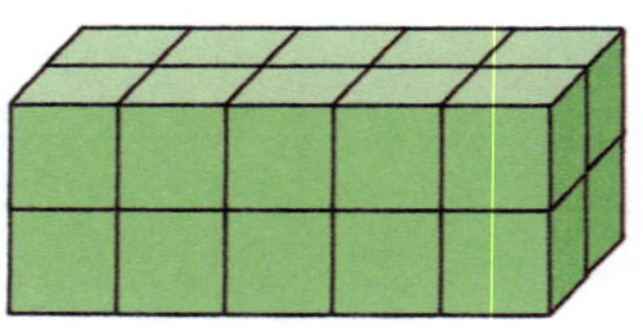

3 Baut eigene Quader. Schreibt die Baupläne auf.

1–3 Mit Holzwürfeln bauen.

Datum: ______________

Legeplan

1 Baut nach und schreibt die Baupläne auf.

3		

2 Baut diese Würfelgebäude.

2	4	2
1	3	1
1	2	1

3	2	3
2	1	2
	1	

2	3	3
1	2	2
	1	1

3 Baut mit 20 Würfeln. Schreibt die Baupläne auf.

1–3 Mit Holzwürfeln bauen.

Datum: ______________

1 Baut mit 2 Winkelsteinen nach.

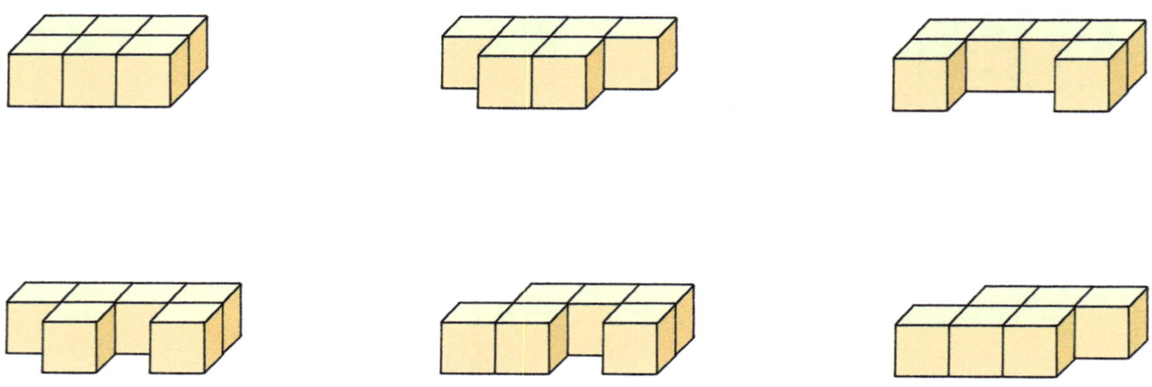

2 Baut mit 2 Winkelsteinen nach.

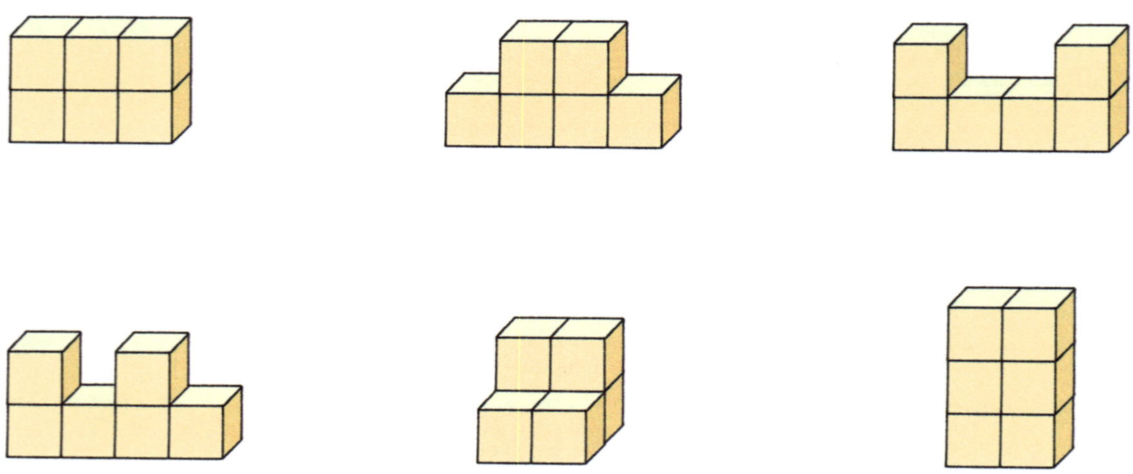

1, 2 Mit Winkelsteinen bauen.

Bauen mit Winkelsteinen

Datum: ____________

1 Baut mit 4 Winkelsteinen nach.

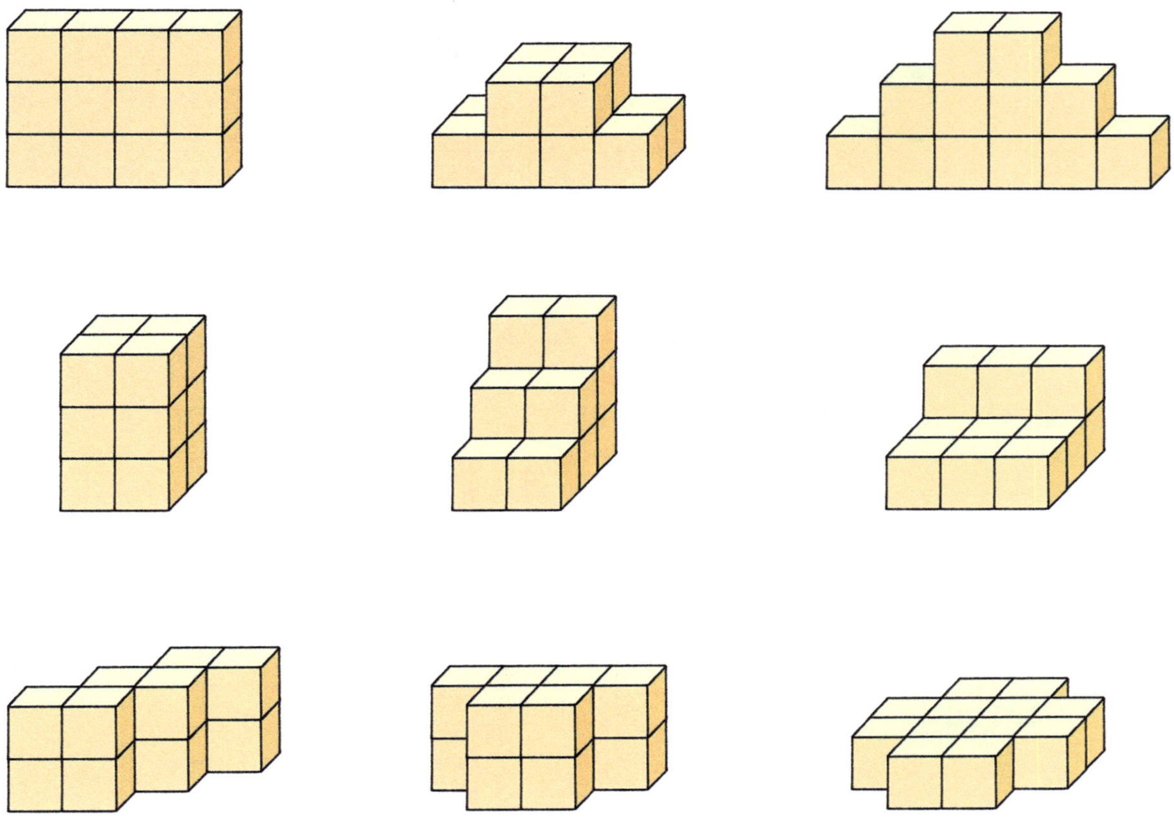

2 Baut Gebäude mit 6 Winkelsteinen.
Schreibt die Baupläne dazu.

Legeplan

1, 2 Mit Winkelsteinen bauen.

Datum: ____________

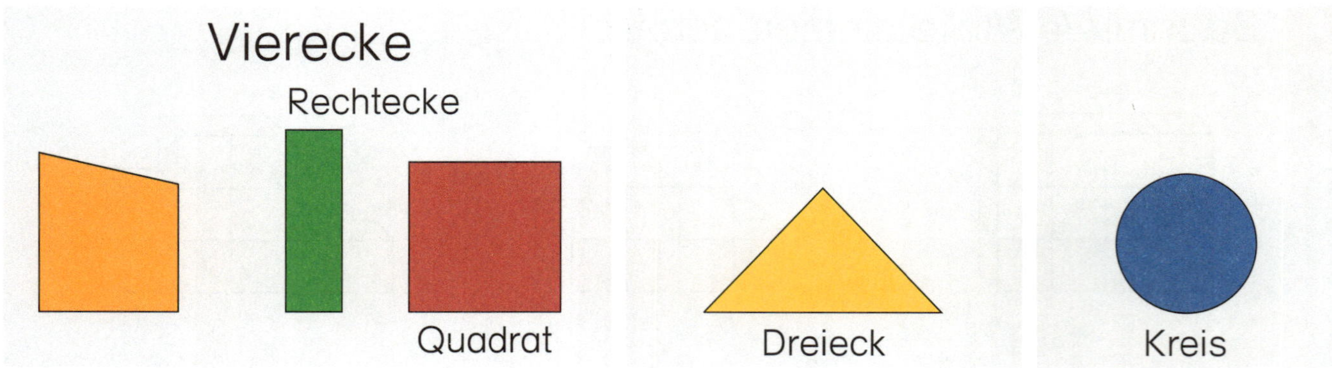

1 Welche Flächen gehören zu der Pyramide? Färbe sie.

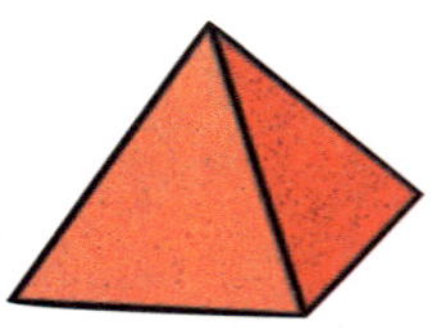

Pyramide

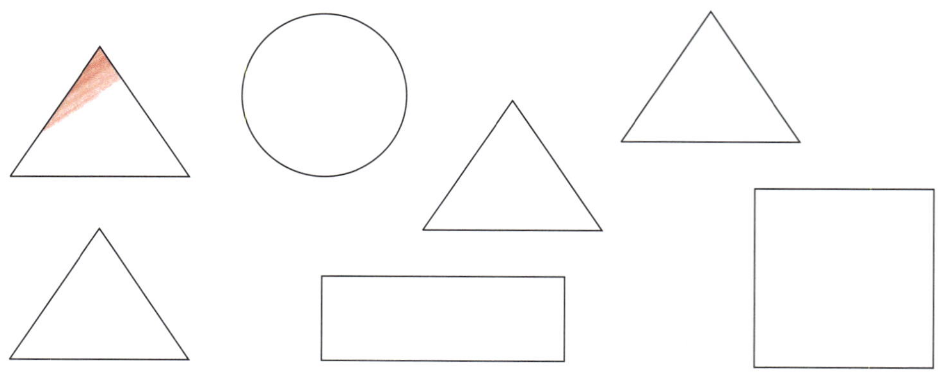

Zu der Pyramide gehören die Flächen

Dreieck ____________ und ____________.

2 Welche Flächen gehören zu dem Zylinder? Färbe sie.

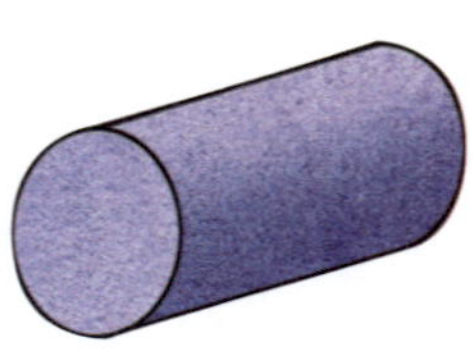

Zylinder

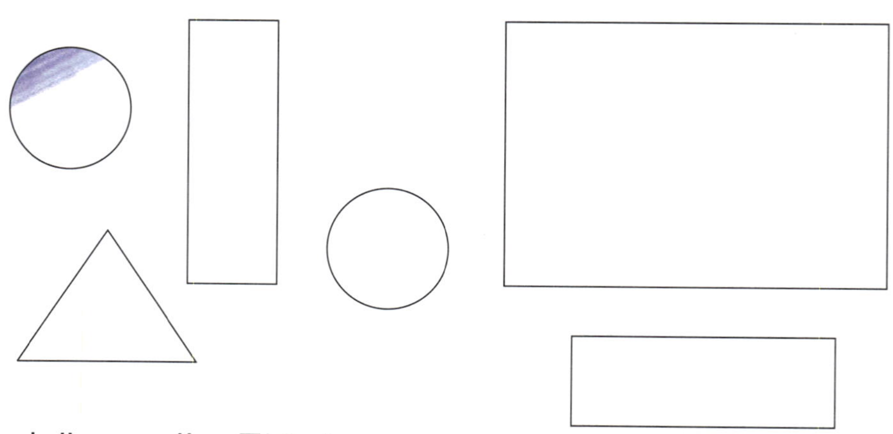

Zu dem Zylinder gehören die Flächen

____________ und ____________.

1, 2 Passende Anzahl Flächen färben.

Flächen zeichnen

Datum: ______________

1 Zeichne verschiedene Quadrate. 

2 Zeichne verschiedene Rechtecke. 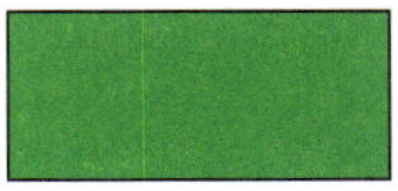

3 Zeichne verschiedene Vierecke. 

1–3 Entsprechende Flächen zeichnen und färben. Dabei das Lineal benutzen.
Es gibt verschiedene Lösungsmöglichkeiten.

Datum: ______________

1 Lege wie angegeben.

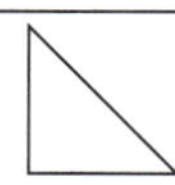		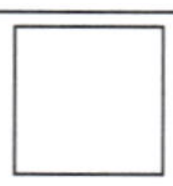	
–	4	1	–
2	4	–	–
–	4	–	4
–	8	–	2
1	6	–	1

2 Lege wie angegeben.
Schreibe noch weitere Möglichkeiten auf.

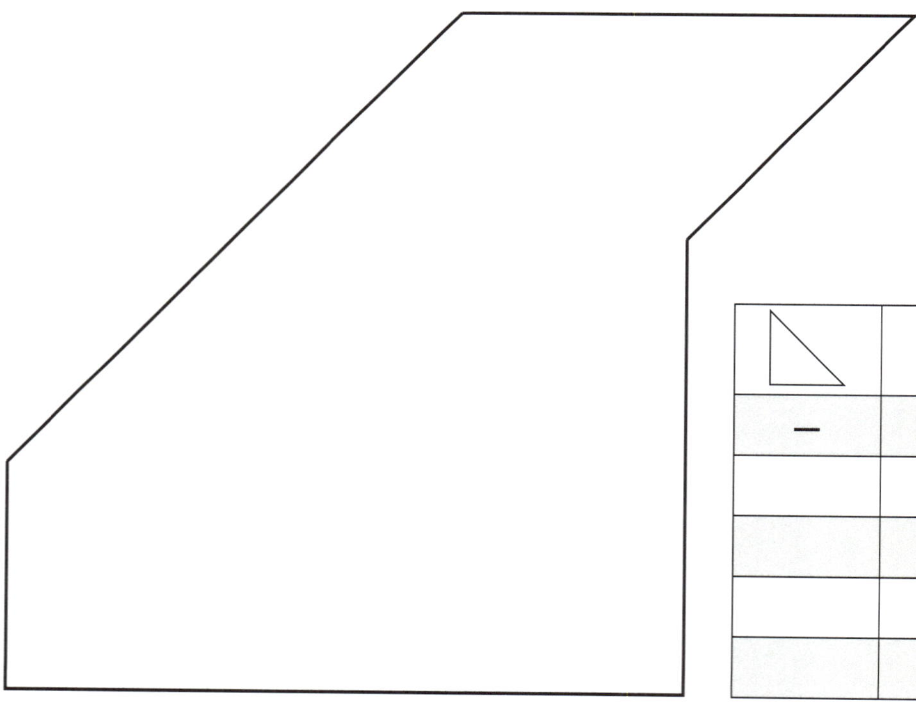

–	3	1	2

1, 2 Nur die großen und kleinen geometrischen Formen verwenden.

Datum: ____________

1 Lege nach. Verwende nur die großen und kleinen Plättchen.

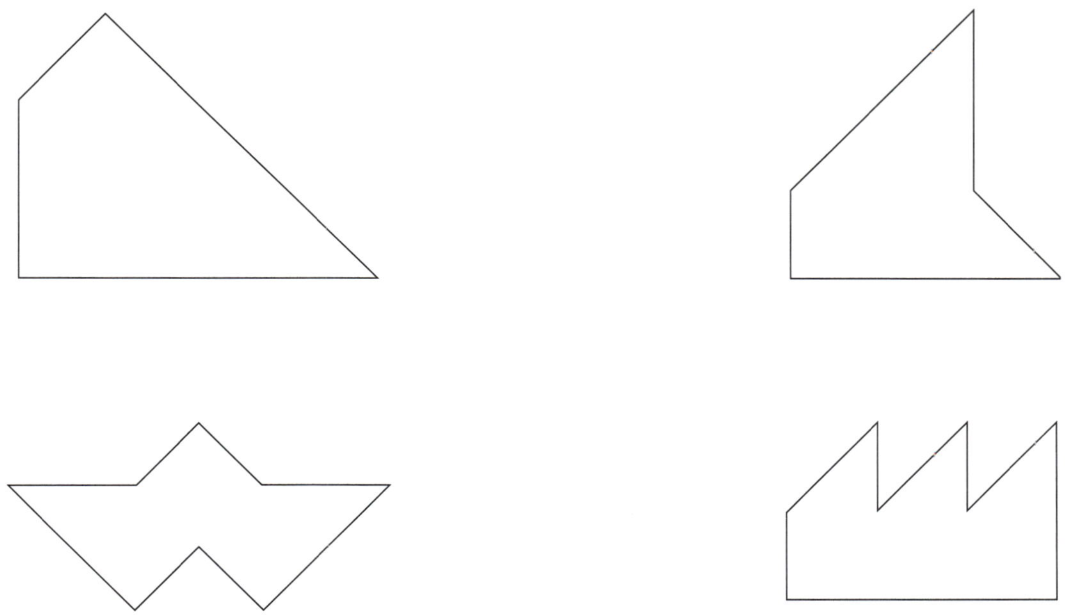

2 Lege nach. Verwende nur die großen und kleinen Plättchen.
Zeichne deine Lösung ein.

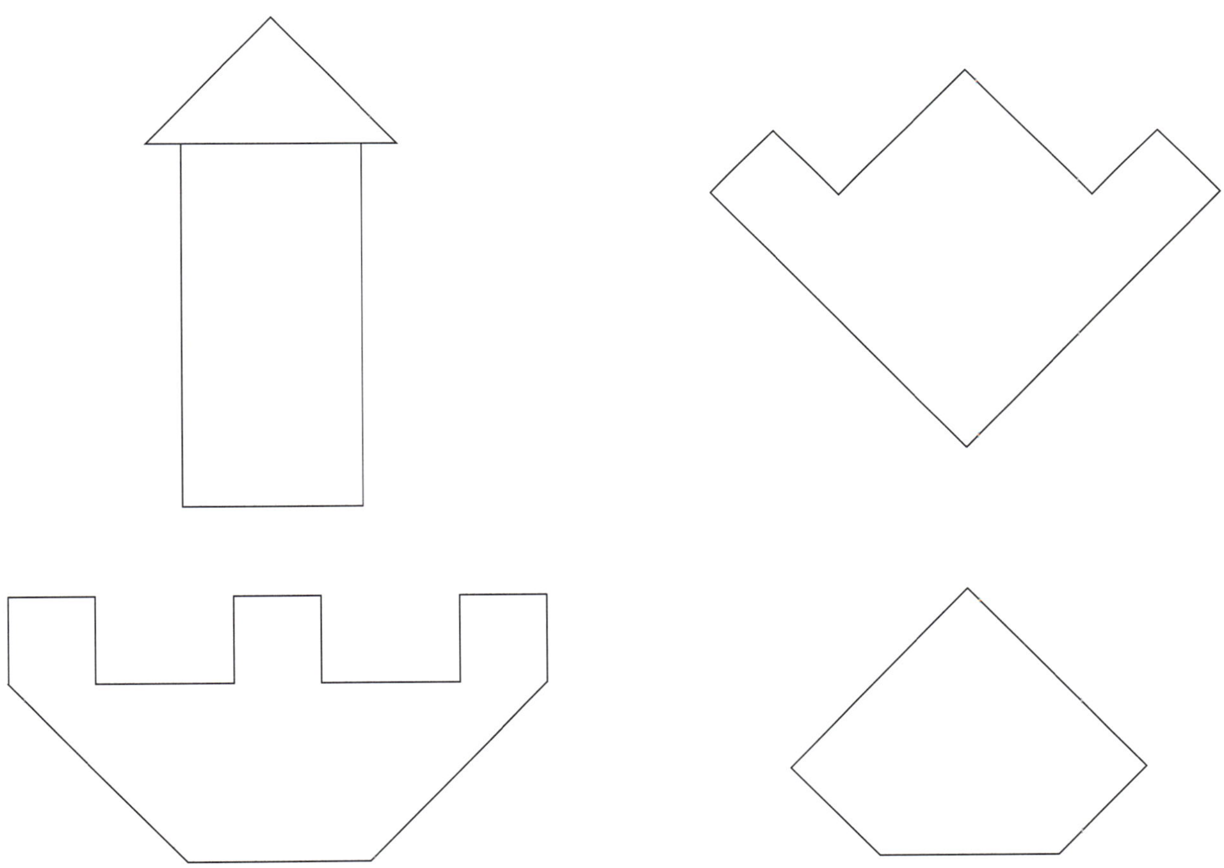

1, 2 Große und kleine geometrische Formen verwenden.
Es gibt mehrere Lösungsmöglichkeiten.

Datum: ___________

1 Welche Symmetrieachsen sind richtig? Kreuze an.

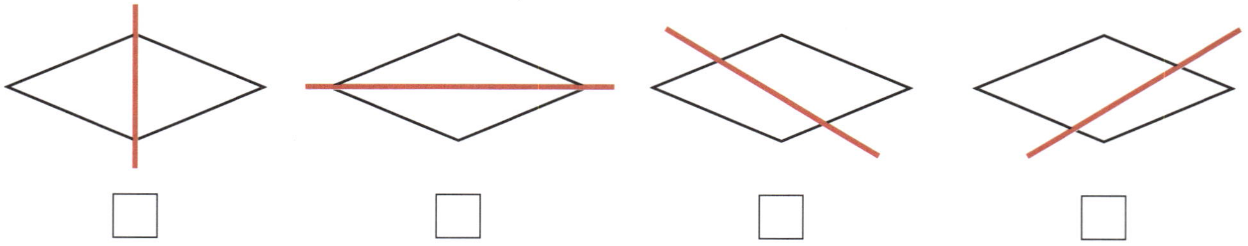

2

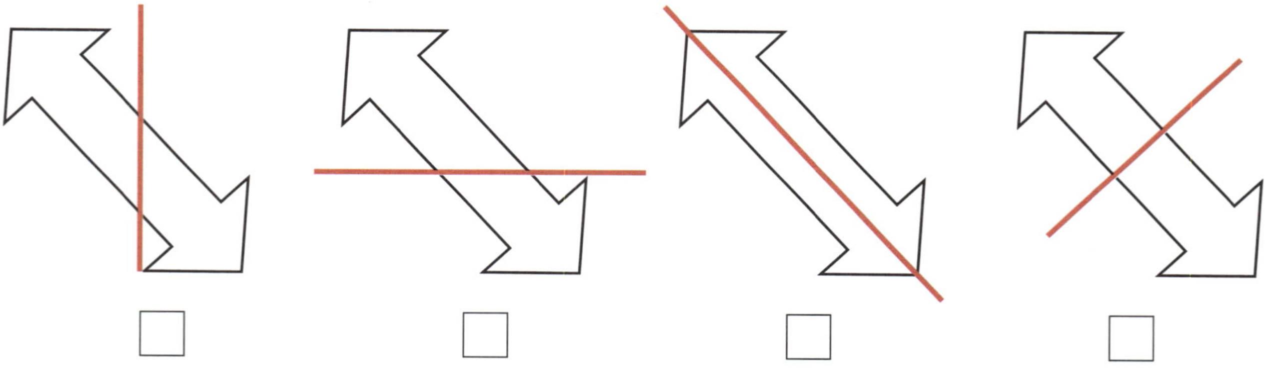

3

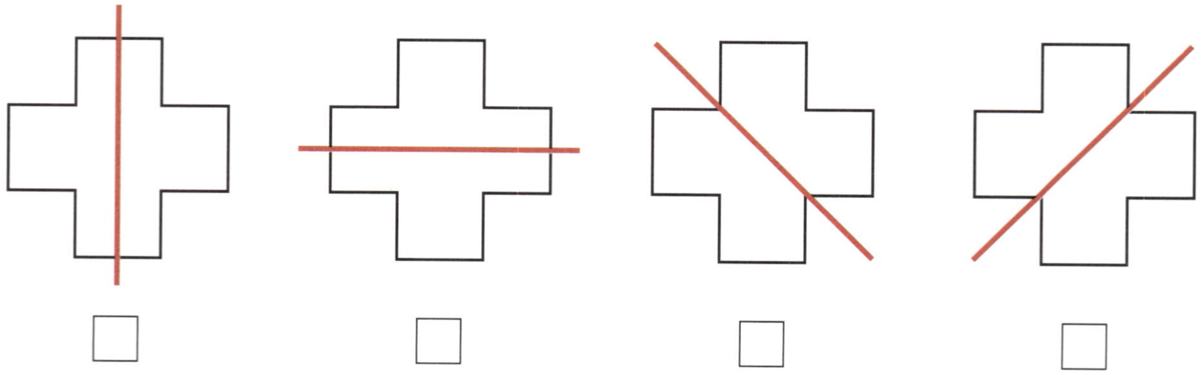

1–3 Gegebenenfalls mit dem Spiegel prüfen.

Datum: ____________

1 Welche Symmetrieachsen sind richtig? Kreuze an.

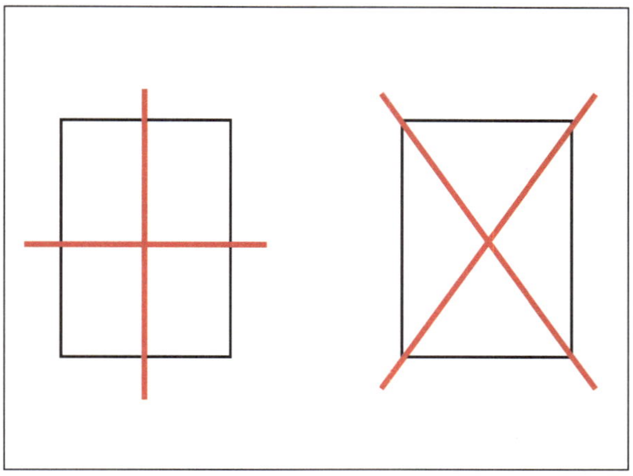

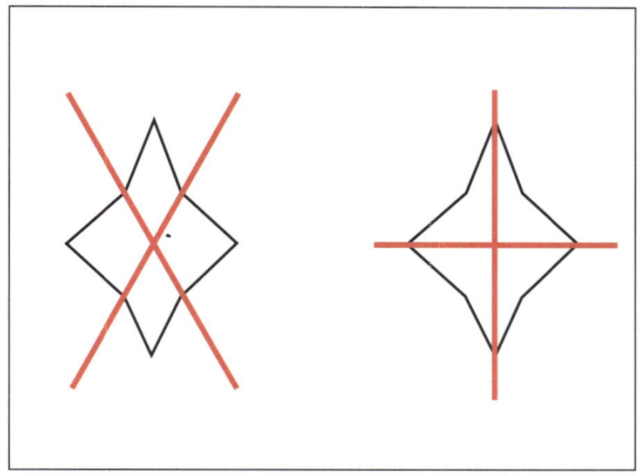

☐ ☐ ☐ ☐

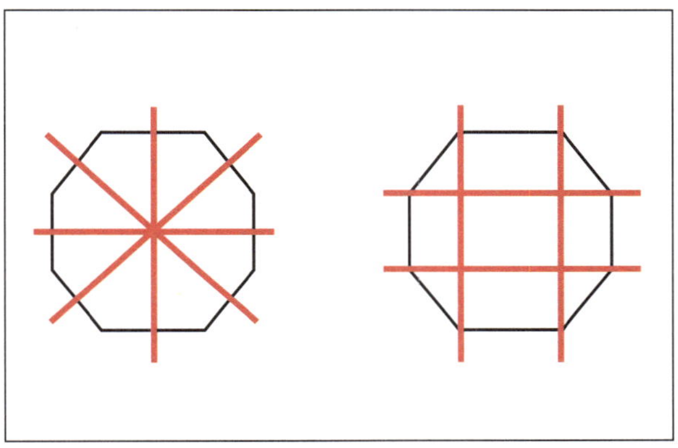

☐ ☐ ☐ ☐

2 Zeichne alle Symmetrieachsen ein.

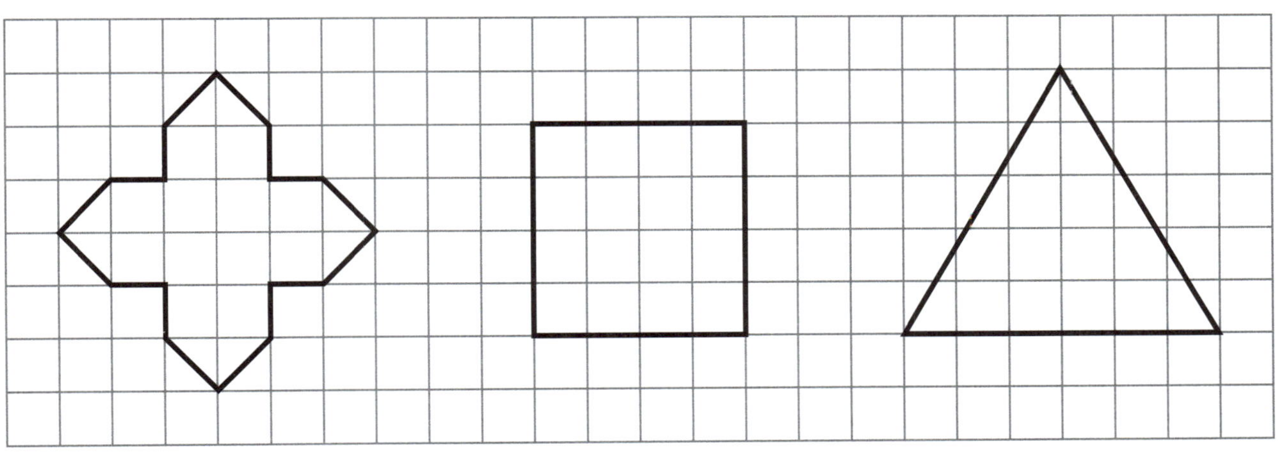

1 Mit dem Spiegel prüfen.
2 Es gibt jeweils mehrere Symmetrieachsen.

Datum: ____________

1 Welche Buchstaben haben eine oder mehrere Symmetrieachsen? Zeichne sie ein.

E L H T O

2 Bei welchen Wörtern sind **alle** Buchstaben symmetrisch? Kreuze an.

OMA	OPA	AUTO	TOM	NINA
☒	☐	☐	☐	☐

3 Ergänze das Spiegelbild.

HEIKE	DIEBE
KOCH	HECKE

1, 2 Mit dem Spiegel prüfen.
3 Gegebenenfalls Spiegel benutzen.

Datum: ____________

1 Zeichne das Spiegelbild.

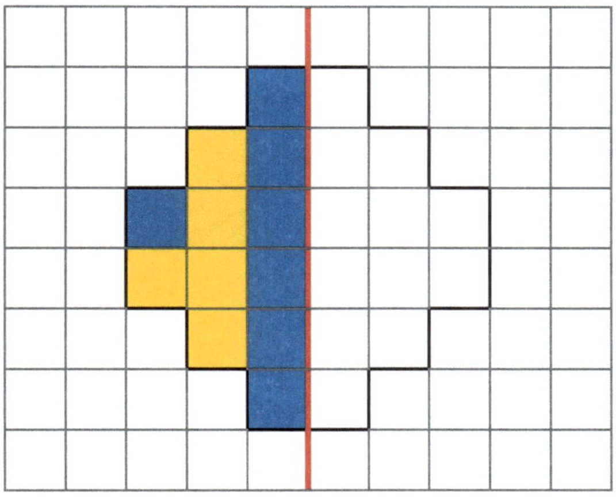

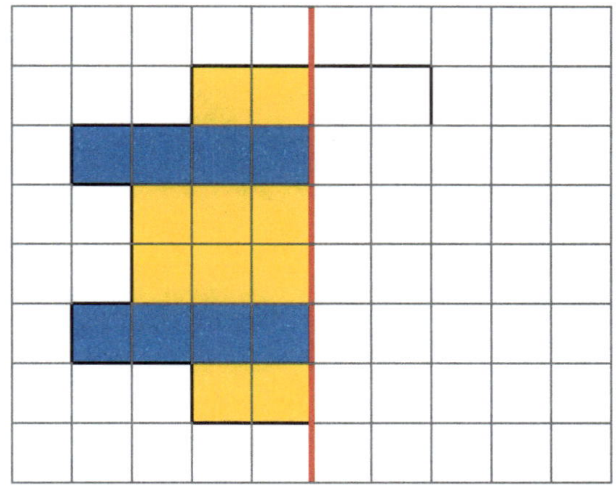

2

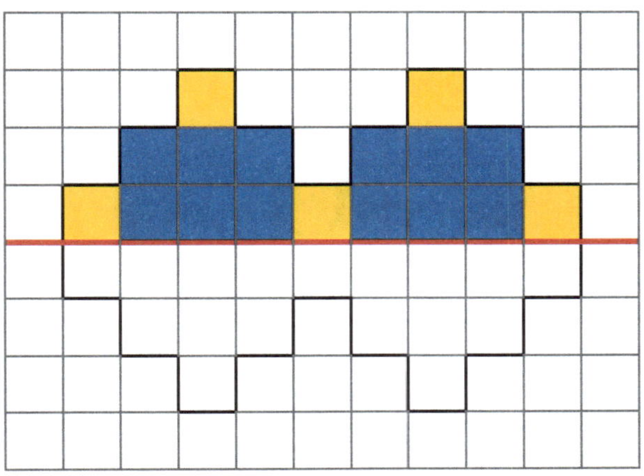

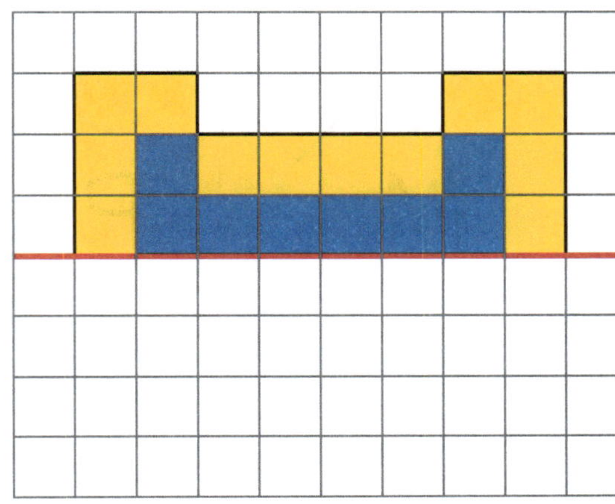

3 Zeichne das Spiegelbild.

Datum: ______________

1

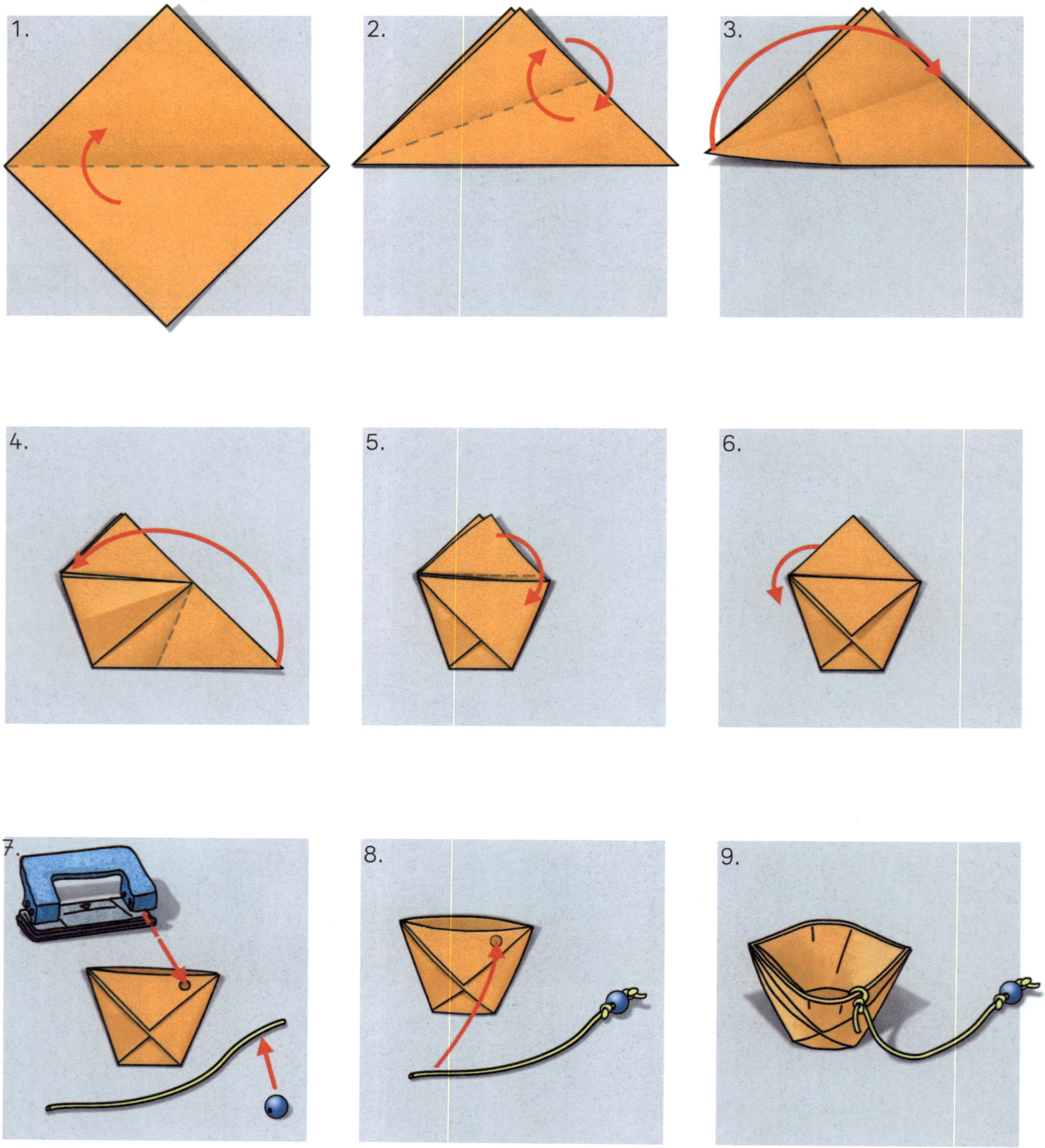

1 Quadratisches Papier, Locher, Schnur und Perle verwenden.

Datum: ______________

1

1 Quadratisches Papier verwenden.

Datum: ____________

1 Spannt die Buchstaben I, L, T, H, U, N. Zeichnet sie ein.

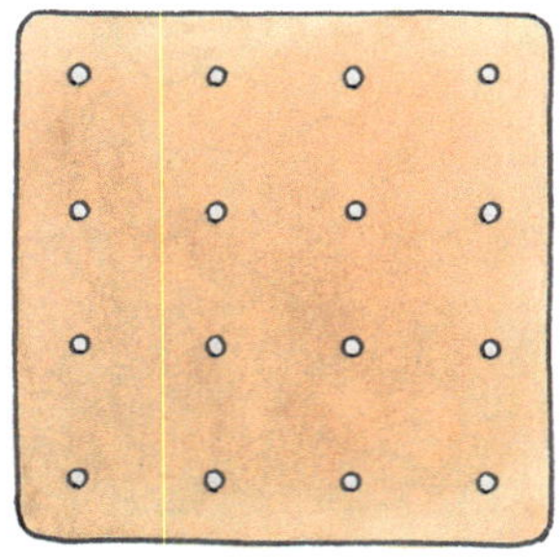
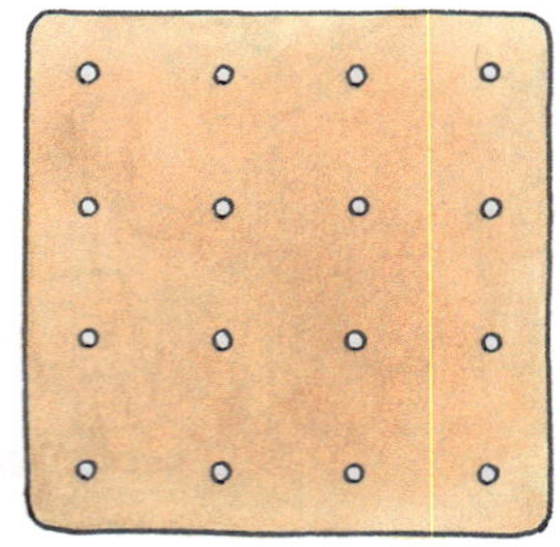
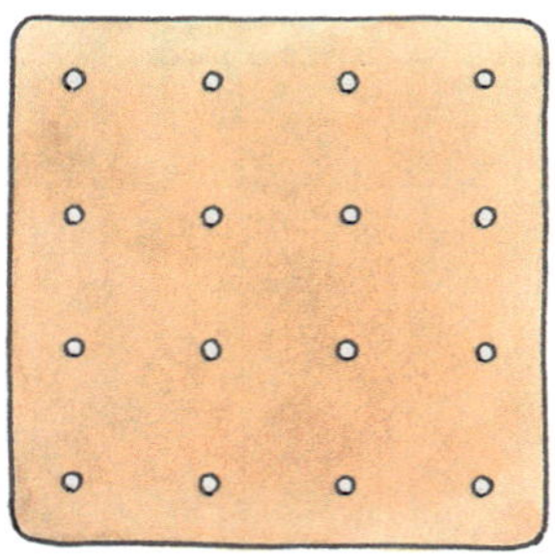
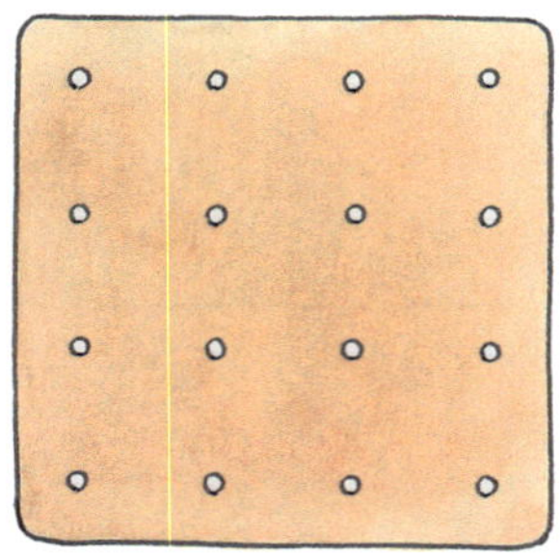
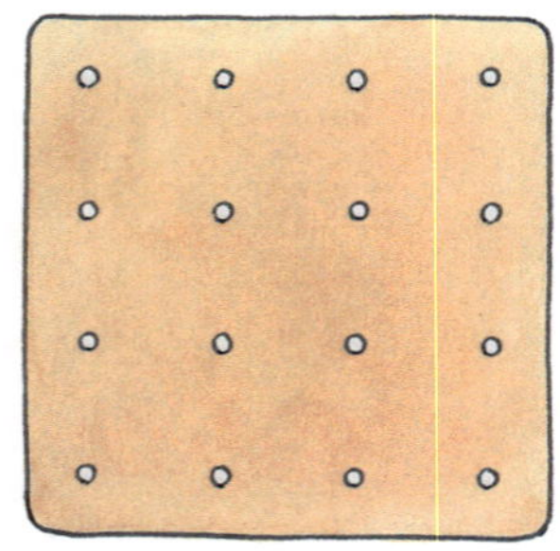

2 Spannt die Figuren. Zeichnet sie ein.

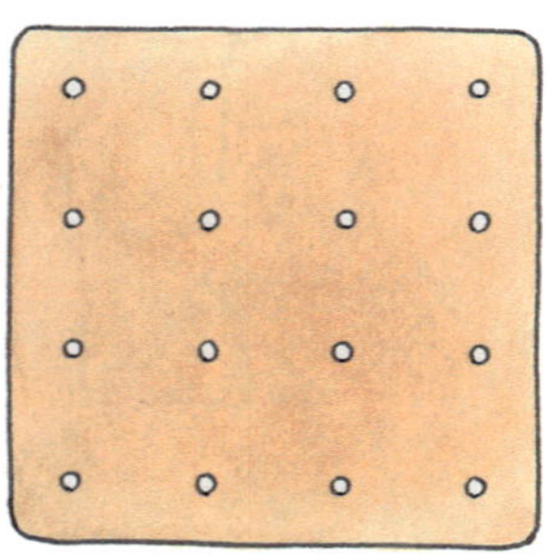
Dreieck

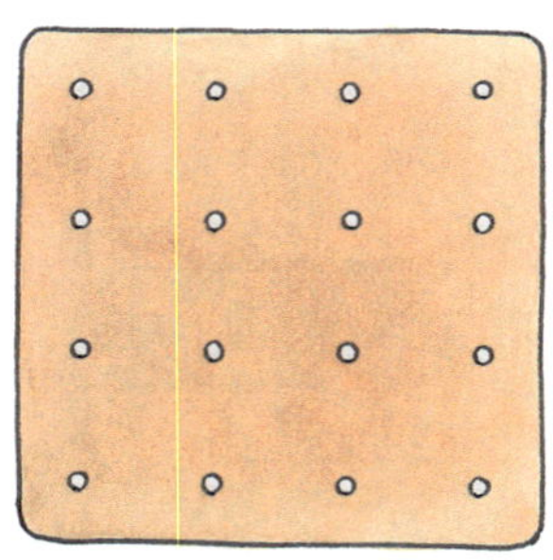
Viereck

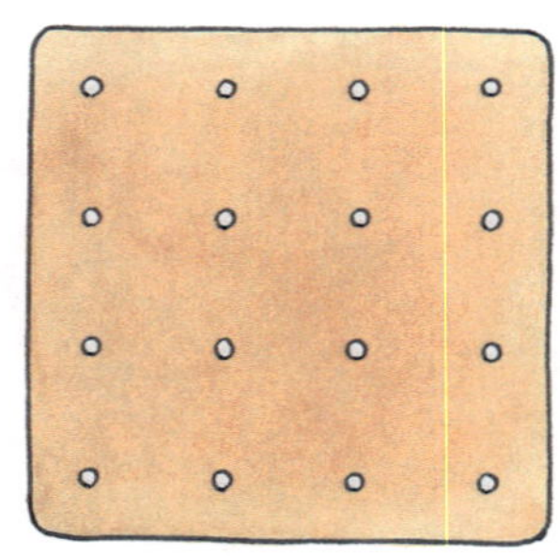
Fünfeck

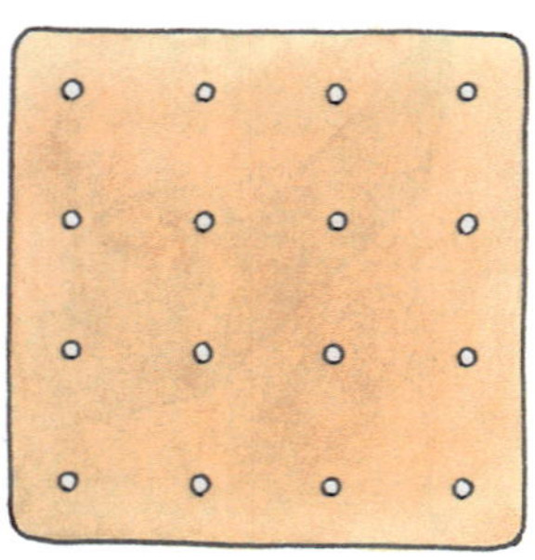
Sechseck

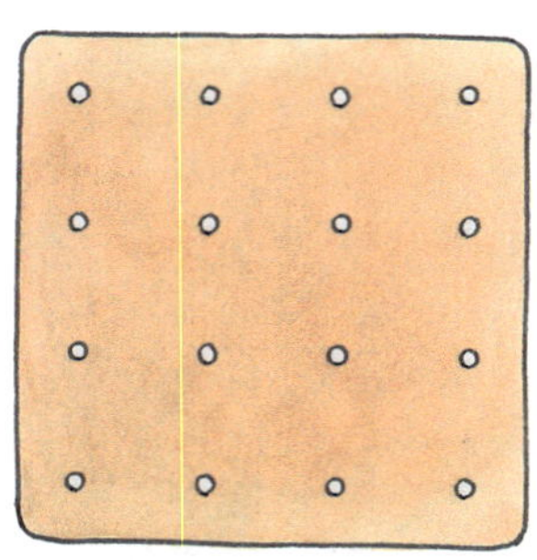
Siebeneck

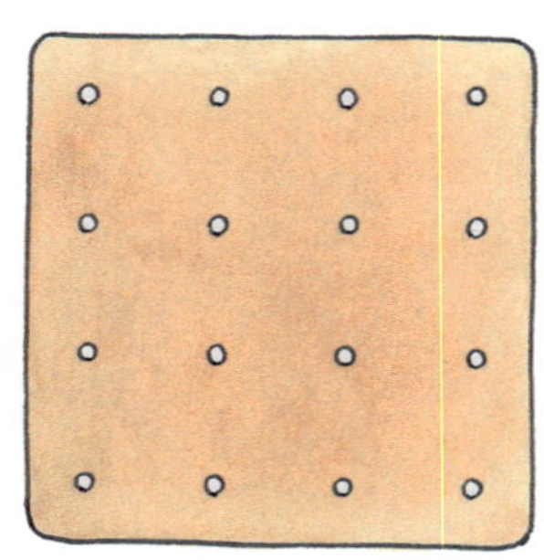
Achteck

1 Geobretter mit 4 x 4 Nägeln verwenden.
2 Es gibt verschiedene Lösungsmöglichkeiten.